中国科学院生物与化学专家 胡苹 著
星蔚时代 编绘

哈!
看得见的
化学
溶液与酸、碱
CO_2
NaOH
U0258747

中信出版集团 | 北京

图书在版编目（CIP）数据

溶液与酸、碱 / 胡苹著；星蔚时代编绘. -- 北京：
中信出版社, 2025. 1（2025. 2重印）. -- (哈！看得见的化学).
ISBN 978-7-5217-7066-7

Ⅰ. O6-49

中国国家版本馆CIP数据核字第2024BA7850号

溶液与酸、碱

（哈！看得见的化学）

著　　者：胡苹
编　　绘：星蔚时代
出版发行：中信出版集团股份有限公司
　　　　（北京市朝阳区东三环北路27号嘉铭中心　邮编　100020）
承 印 者：北京瑞禾彩色印刷有限公司

开　　本：889mm × 1194mm 1/16　　印　　张：3　　字　　数：150千字
版　　次：2025年1月第1版　　印　　次：2025年2月第2次印刷
书　　号：ISBN 978-7-5217-7066-7
定　　价：64.00元（全4册）

出　　品：中信儿童书店
图书策划：喜阅童书
策划编辑：朱启铭 史曼菲
责任编辑：房阳
特约编辑：范丹青 李品凯 杨爽
特约设计：张迪
插画绘制：周群诗 玄子 皮雪琦 杨利清 李佳文
营　　销：中信童书营销中心
装帧设计：佟坤

服务热线：400-600-8099
投稿邮箱：author@citicpub.com

目录

2 / 什么是溶液

4 / 溶解度

6 / 利用溶解度分离溶质
8 / 如何制作砂糖
10 / 用盐析法来做肥皂吧

12 / 气体也能溶于水

14 / 你身边的可溶性气体

16 / 奇特的乳浊液

18 / 让乳浊液更好地混合吧

20 / 认识一下酸

22 / 酸的本领
24 / 找找身边的酸

26 / 认识一下碱

28 / 碱也本领多
30 / 无处不在的碱性物质

32 / 酸和碱的强度

34 / 检验酸碱性的“变色魔法”

36 / 当酸与碱相遇

38 / 身边的中和反应
40 / 身体中的酸和碱

42 / 从化学角度认识盐

44 / 生产生活中的盐

什么是溶液

往水里加点糖，喝起来会更甜。
发现没，糖放入水中后，很快就不见了。
它们去哪儿了呢？
被水溶解了。
在水中，蔗糖会溶解，蔗糖分子逐渐向四周扩散，最终均匀地分散到水分子中间。
难怪喝糖水的时候会喝到甜味，原来是因为蔗糖分子分散到了水分子中间。
欢迎你，以后就是一家人了！
糖
因为这个过程中发生了溶解，所以我们将蔗糖和水组成的混合液体称为溶液。
很高兴加入你们！
水
糖
水
除了糖水，还存在其他溶液吗？
当然，在化学上，我们将一种或多种物质分散到另一种物质里，形成的均一、稳定的混合物称为溶液，比如我们熟知的氯化钠溶液。
H_2O
Cl^-
Na^+
Cl^-
H_2O
Na^+
H_2O
水
Cl^-
氯离子
Na^+
钠离子
我们也是一家人！

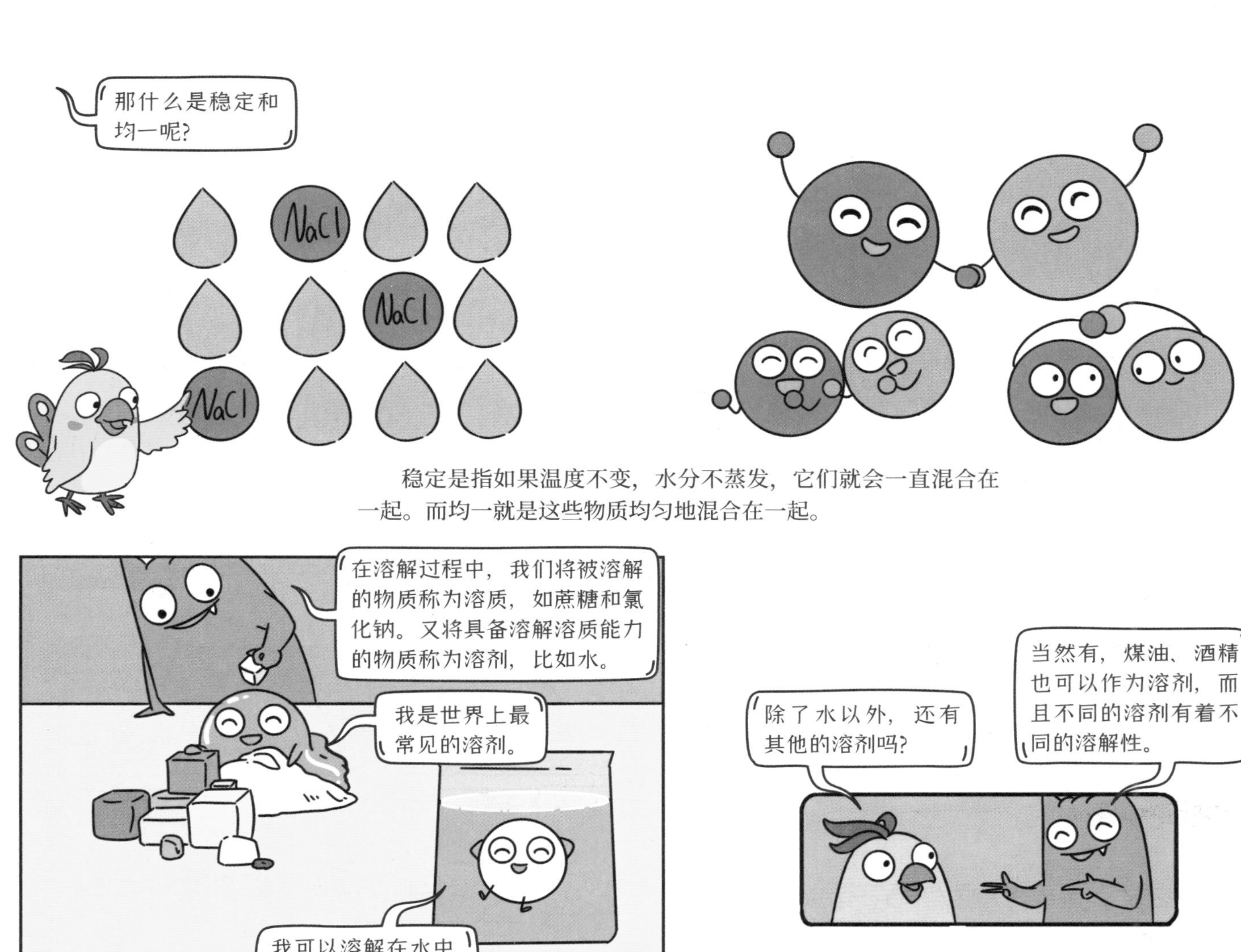

那什么是稳定和均一呢?
NaCl
NaCl
NaCl

稳定是指如果温度不变，水分不蒸发，它们就会一直混合在一起。而均一就是这些物质均匀地混合在一起。

在溶解过程中，我们将被溶解的物质称为溶质，如蔗糖和氯化钠。又将具备溶解溶质能力的物质称为溶剂，比如水。
我是世界上最常见的溶剂。
我可以溶解在水中，我是溶质。
除了水以外，还有其他的溶剂吗?
当然有，煤油、酒精也可以作为溶剂，而且不同的溶剂有着不同的溶解性。
虽然我跟煤油都是常见的溶剂，但我们俩的溶解性还是有差异的。
水
很明显，我不溶于水。
碘
我本来和水一样，都是无色透明的液体，溶解了碘后，溶液变成了紫红色。
煤油
但是放到煤油中我就溶解了。
日常生活中我们常常用到物质的溶解性，比如冲调饮料、服用冲剂类药物。
看我学以致用，再溶解块糖。
你还是少吃点儿糖吧!

溶解度
今天我要喝一杯“无敌”甜的糖水，多放些糖。
奇怪，杯底的蔗糖怎么不溶解了。
因为溶液已经饱和啦！你是要喝多少糖呀！想生病吗？
我就是想过把瘾……
你说溶液饱和是什么意思？
你看那边。
不行，撑死我了，一口都吃不下了。
就像他们一样，溶液已经“吃饱了”，再也溶不下溶质的状态就叫饱和。
嗝——
跟你们一样，我的“饭量”也是有限的呢。
我懂了，因为溶液“吃”糖“吃”饱了，所以剩余的蔗糖颗粒就无法被吸收了，只能沉在杯底。
真聪明！
明白啦！看来是我加糖加太多了，溶液“消化”不了。
那杯底这些糖就浪费了吗？有没有办法让它们被溶解掉呢？
其实，多加点水，蔗糖还会继续溶解的！

哈哈哈，我又能吃啦!

这种情况下，之前的饱和溶液好像又“饿”了。
是啊，它又变得能吃了。我们将这些还能溶解溶质的溶液称为不饱和溶液。

那我们能不能知道溶液什么时候饱和呢?

当然可以，那就要了解溶解度了。
溶解度并不是随机的，它在固定条件下有固定的数值。比如在20℃时每100g水可以溶解36g氯化钠。
100g
36g

所以，溶解度指的是“饭量”的极限?

可以这么说，不过这个“饭量”是用质量来衡量的。值得注意的是我说的这个氯化钠的溶解度36g是在20℃时。

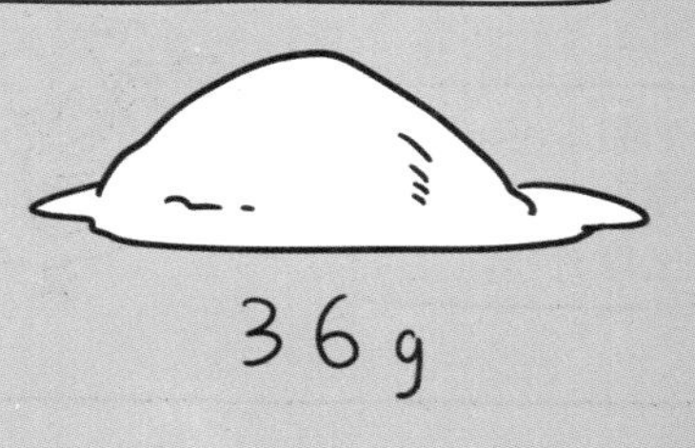

你的意思是，溶解度会随着温度变化?

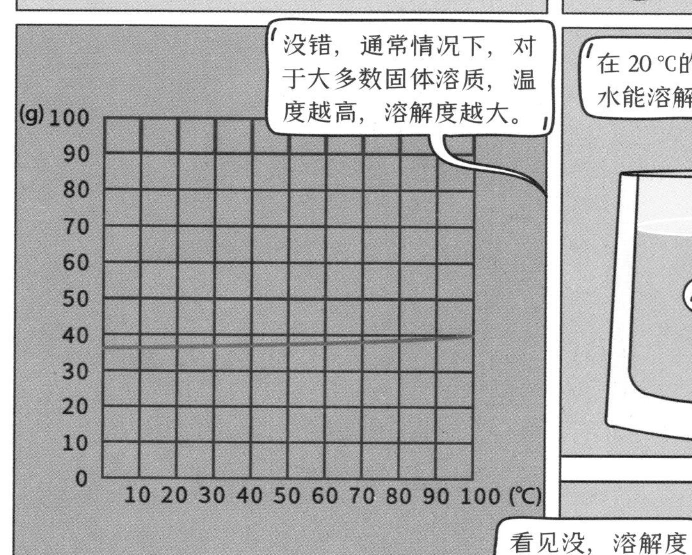

没错，通常情况下，对于大多数固体溶质，温度越高，溶解度越大。
(g) 100
90
80
70
60
50
40
30
20
10
0
10 20 30 40 50 60 70 80 90 100 (℃)
氯化钠溶解度
看见没，溶解度是会随着温度变化的。

在20℃的情况下，我这100g水能溶解36g氯化钠!
90℃时我能溶解39g氯化钠。
看来，思考问题还得多方面考虑呀!

利用溶解度分离溶质

我们知道，固体的溶解度会随着温度变化。通常来说，温度升高，溶解度会增加，而温度降低，溶解度也会降低。利用溶解度的这一特性，我们可以分离溶液中不同的溶质。

大家好，我的名字叫硼酸，和旁边的氯化钠一样，我们都喜欢穿白衣服。
但我们的溶解度非常不一样。只要温度一降低硼酸就不想待在水里，而我更能忍。
如果它俩混合在一起，该怎么区分呀。
可以利用它们溶解度的不同来进行分离!
氯化钠
氯化钠
氯化钠
氯化钠
20℃
硼酸
在 20 ℃下，硼酸的溶解度只有 5g，氯化钠有 36g。

用托盘天平称量出硼酸和氯化钠粉末各 30 g，并向烧杯倒入 100 g 的开水。
30 g 硼酸，称好啦!
氯化钠也称好啦!
硼酸
氯化钠

将硼酸和氯化钠粉末加入烧杯中。

氯化钠
硼酸
我们全都溶解啦！所以大家看不见我们了!

此时，硼酸和氯化钠粉末全部溶解于开水中。

将溶液冷却到 20°C后，会发现溶液底部出现了白色固体。

温度降到 20 ℃了。
20℃
因为 20 ℃时硼酸的溶解度低于 30 g，但氯化钠的溶解度仍高于 30 g，所以这些跑出来的固体是硼酸。

这些硼酸和一开始有点不同，看上去亮晶晶的，很漂亮。
没错，因为这些固体看上去非常像晶体，所以我们将这种分离方法叫作结晶分离。
没想到溶解度还能用于分离混合物！
除了结晶分离，还有一种叫作“重结晶”的分离方法呢！
什么是重结晶？
重结晶
先简单举个例子吧，就以从海盐中重结晶得到食盐为例。
因为我们是从海水蒸发而结晶出来的盐，颗粒较粗，所以通常被叫作粗盐。
这么大的水池，是用来干什么的呀？
这是用来重新溶解海盐的，因为海盐中除了食盐——氯化钠，还有很多杂质。我们先把它们都溶解。
之后利用溶解度不同，可以让氯化钠先结晶析出。
将晶体过滤出来后就可以得到纯净的氯化钠啦！
像蒸发海盐这种，先将混合物溶解，再得到纯净固体物质的方法，被称为重结晶。
我明白啦！

如何制作砂糖

糖在我们的日常生活中扮演着重要角色，是必不可少的调味品。在糖类大家族中，砂糖是非常常见的一种。今天，就让我们走进甘蔗林，去看看砂糖是如何制作的吧。

砂糖甜味十足，主要由甘蔗制作而成。

别看甘蔗外表紫黑紫黑的，它的含糖量很高，是世界上最主要的制糖原料。

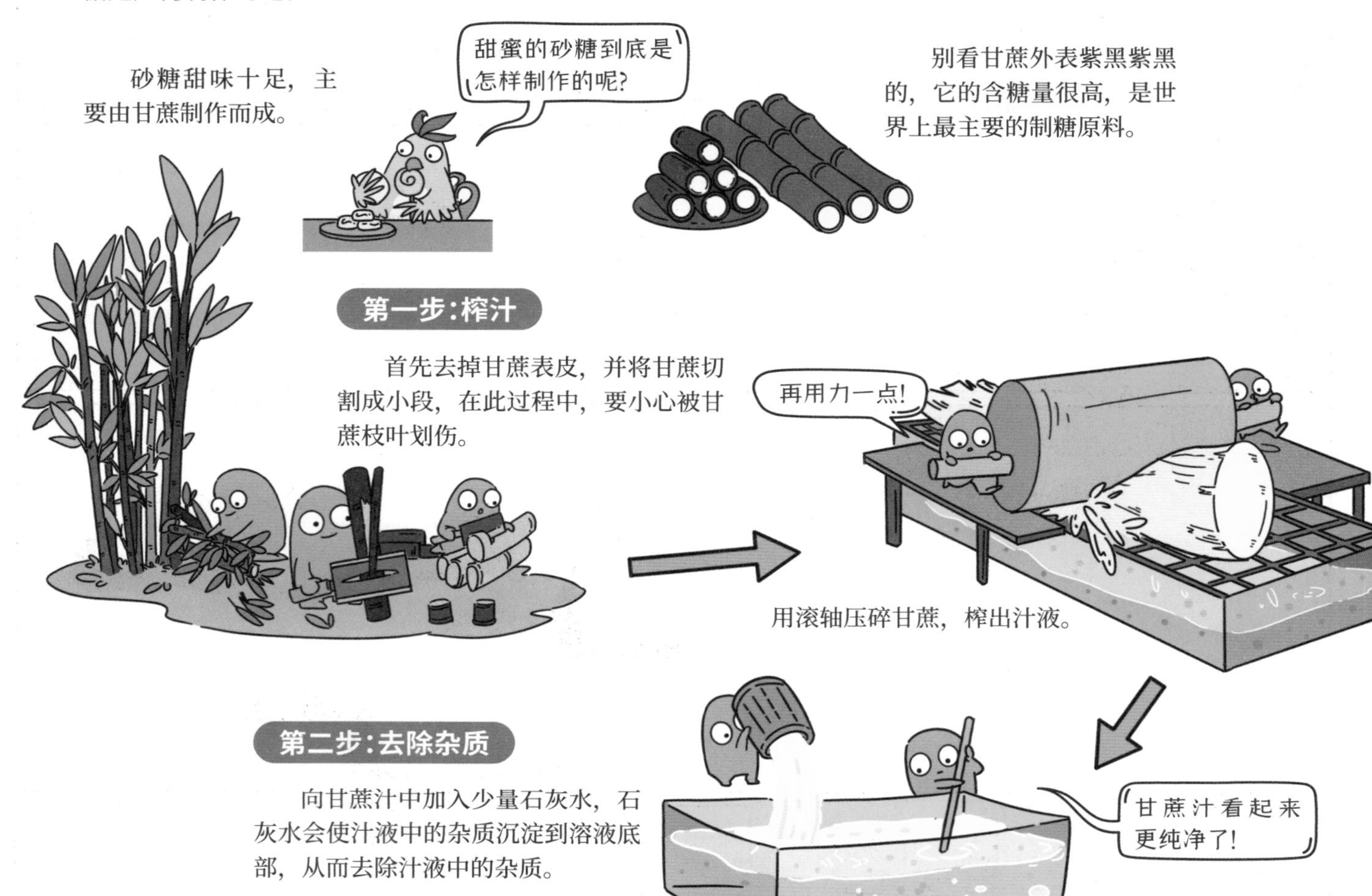
甜蜜的砂糖到底是怎样制作的呢?
再用力一点!
甘蔗汁看起来更纯净了!

第一步：榨汁

首先去掉甘蔗表皮，并将甘蔗切割成小段，在此过程中，要小心被甘蔗枝叶划伤。

用滚轴压碎甘蔗，榨出汁液。

第二步：去除杂质

向甘蔗汁中加入少量石灰水，石灰水会使汁液中的杂质沉淀到溶液底部，从而去除汁液中的杂质。

第三步：结晶分离

熬煮去除杂质后的甘蔗汁，形成黏稠的浓汁。再冷却一段时间后，就会得到蔗糖晶体和糖蜜了。

将蔗糖晶体和糖蜜放入离心分离机中，分离出蔗糖晶体，他们，它们是制作砂糖的原料糖。

糖蜜是含有大量糖分，却没有结晶的黏液。
在熬煮的过程中，温度上升，蔗糖的溶解度随之升高。冷却后，蔗糖的溶解度随之下降，因此会出现结晶。

离心分离机
分离后的蔗糖晶体还存在少量杂质，需要进一步纯化哟!

第四步：制成糖浆

把原料糖倒入温水中，搅拌均匀后，就会形成糖浆啦。

第五步：再次去除杂质

在糖浆中加入少量石灰粉（碳酸钙）和二氧化碳气体，让杂质沉淀。

CO_2

用活性炭对糖浆进行过滤，吸附糖浆中的剩余杂质。

过滤后的糖浆看起来更加透明了！
活性炭

第六步：制成砂糖结晶

用真空结晶罐对糖浆进行蒸发，再次得到糖蜜和蔗糖晶体。

与之前的结晶分离不同，真空结晶罐可以利用真空低温的环境蒸发水分，让糖浆不易因高温变为糖蜜或烤焦，更多析出糖浆中的蔗糖晶体。

将蔗糖晶体再次放入离心分离机中，分离过后就得到了干燥、纯净的砂糖。

亮晶晶的砂糖是我的最爱！我已经忍不住流口水了！

用盐析法来做肥皂吧

利用溶解度，我们可以巧妙地分离很多东西。你想不想知道家中使用的肥皂是怎么制成的？它也是从溶液中分离出来的呢。

熬呀熬，搅一搅。

火碱是强碱，加入时要非常小心。

油脂

氢氧化钠

第一步：制作皂基

在一个装有清水的大容器里加入火碱（氢氧化钠）和油脂（动物油与植物油均可）。一边加热一边搅拌，这样能让油脂与火碱皂化。皂化是动、植物油脂与碱作用生成肥皂和甘油的反应。等油脂与火碱充分反应后，就生成了肥皂的主要成分——脂肪酸钠。

注：小朋友在使用强碱或火等物品时，一定要有家长在旁边或由家长来操作。

第二步：用盐析出肥皂颗粒

继续加热容器，同时加入盐水用力搅拌。这一步就是盐析。

盐
在溶液中加入盐类，让某些物质的溶解度降低并分离出来，这就是盐析。

这里太挤了，我要出去！
伙伴们让一让，给我个空位吧。

看起来溶液里太拥挤了，容不下肥皂啦。

第三步：冷却分离

加热一小段时间后，就可以停止加热和搅拌。这时就会发现有白色的物质逐渐从溶液中析出。此时溶液上面的就是我们需要的肥皂，下面则主要是甘油和盐水。我们可以把肥皂捞出，做下一步加工。

滑滑的肥皂新鲜“出锅”。
肥皂
盐水和甘油

第四步：晾干处理
将盐析得到的肥皂铺平，以便慢慢干燥。
这风好舒服，我要睡一会。
我就喜欢这样的工作。
等肥皂干燥后，就可以把它们切碎成细小的颗粒。
第五步：研磨加工
处理好的肥皂颗粒会放在搅拌器中搅拌。这个过程中还会加入香料和色素，让它变得好看又香气四溢。
加点我最喜欢的薄荷味。
我一会儿再给它加点“五彩斑斓的黑”怎么样？
算了吧，那感觉像是用煤球洗手一样。
第六步：造型包装
最后把处理好的肥皂放入压制机中，压制成条再切割、塑形成想要的造型，肥皂就完成了。
今天我就要用它把我所有的衣服洗一遍。
怎么样，看起来不错吧！

气体也能溶于水

你好像在做很有趣的实验，我可以在这儿看看吗？
可以，但请你保持安静。我在做一些关于溶液的实验。
咕噜咕噜……
你咕噜咕噜吹什么气呢！我都没法思考了！
因为气体不溶于水，吹泡泡很好玩嘛。
是我激动了。
不过你要记住，实验室内要保持安静还要禁止饮食。还有，气体可不全是不溶于水的。
嗯？我以为气体和水就像水与火一样不相容呢。
你忘了碳酸饮料中的二氧化碳吗？
CO₂
550ml
可是你看，这些二氧化碳也是一个个的小气泡，它们没有溶于水吧。
CO₂
碳酸
你之所以会看到很多气泡，是因为在饮料中的碳酸很不稳定，分解出了一堆二氧化碳泡泡。
这些气泡是从水中析出的二氧化碳，还有很多溶在水中。也有一部分二氧化碳与水反应形成碳酸存在于水中。

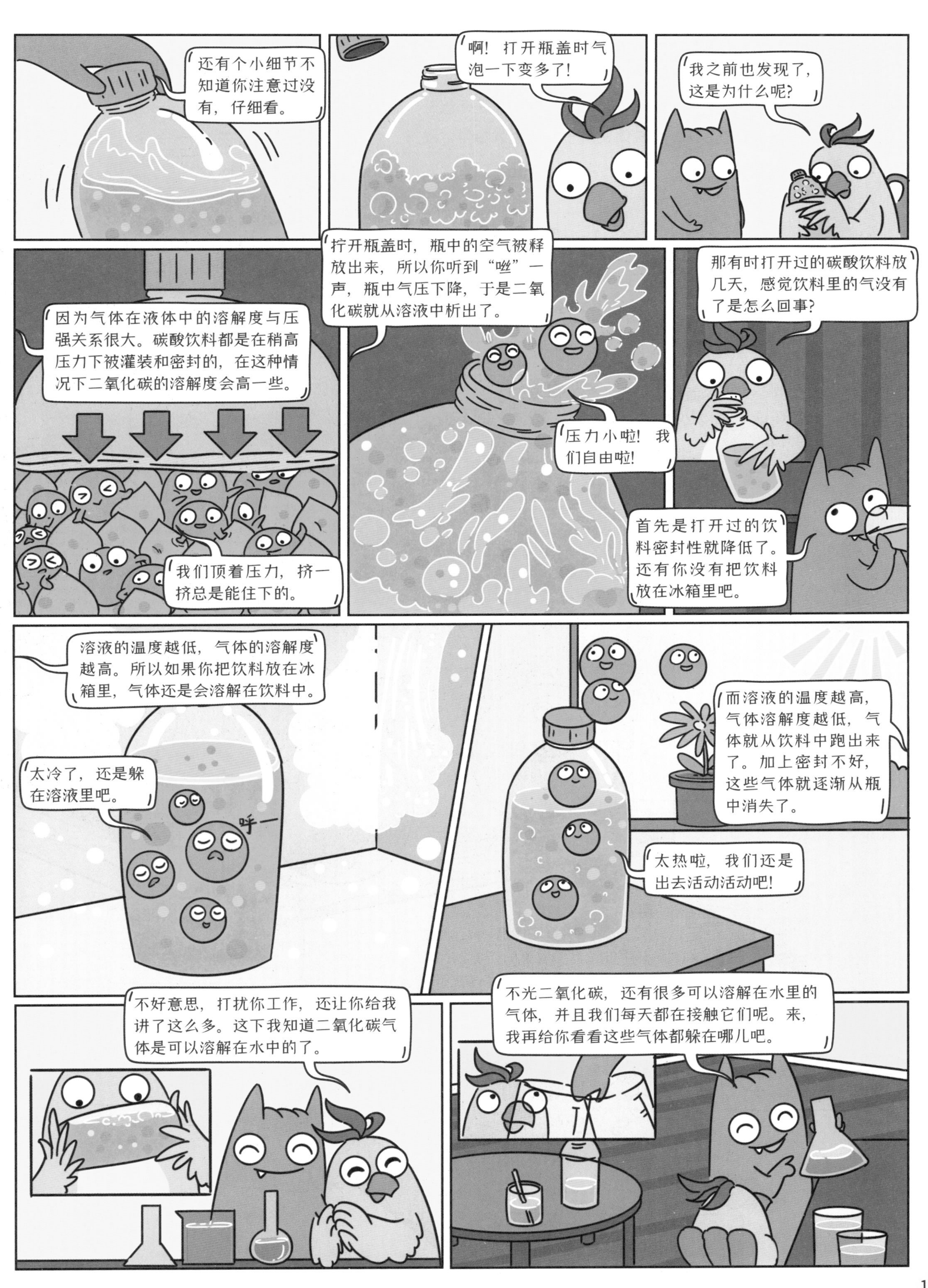
还有个小细节不知道你注意过没有，仔细看。
啊！打开瓶盖时气泡一下变多了！
我之前也发现了，这是为什么呢？
因为气体在液体中的溶解度与压强关系很大。碳酸饮料都是在稍高压力下被灌装和密封的，在这种情况下二氧化碳的溶解度会高一些。
我们顶着压力，挤一挤总是能住下的。
拧开瓶盖时，瓶中的空气被释放出来，所以你听到“呲”一声，瓶中气压下降，于是二氧化碳就从溶液中析出了。
压力小啦！我们自由啦！
那有时打开过的碳酸饮料放几天，感觉饮料里的气没有了是怎么回事？
首先是打开过的饮料密封性就降低了。还有你没有把饮料放在冰箱里吧。
溶液的温度越低，气体的溶解度越高。所以如果你把饮料放在冰箱里，气体还是会溶解在饮料中。
太冷了，还是躲在溶液里吧。
呼——
而溶液的温度越高，气体溶解度越低，气体就从饮料中跑出来了。加上密封不好，这些气体就逐渐从瓶中消失了。
太热啦，我们还是出去活动活动吧！
不好意思，打扰你工作，还让你给我讲了这么多。这下我知道二氧化碳气体是可以溶解在水中的了。
不光二氧化碳，还有很多可以溶解在水里的气体，并且我们每天都在接触它们呢。来，我再给你看看这些气体都躲在哪儿吧。

你身边的可溶性气体

我们在生活中会接触到很多气体，因为它们很多都是无色无味的，所以往往难以察觉。当一些气体又善于躲在液体中时，我们更会忽视它们的存在。

让水中充满生机的氧气

很多观赏鱼的鱼缸中都有加氧装置，把空气送入水中来保持鱼缸水中的氧含量。还有一些鱼缸净水装置会采用水面上出水的方式循环过滤水，也可以增加水中的含氧量。

大多数生命都离不开氧气，因为我能溶于水，才让水中的生物可以正常呼吸。

我们二氧化碳也溶于水，水中的植物可以利用我们来进行光合作同。

用鳃呼吸的鱼类

水中的鱼使用鳃呼吸，鳃是一种布满毛细血管的器官，当含有氧气的水流过鳃，氧气就可以经过毛细血管进入鱼的体内了。

小小的青蛙真可爱，它怎么总喜欢泡在水里。
因为青蛙想要保持身体湿润。两栖类动物还能通过皮肤来辅助呼吸。

自来水中的氯气

氯气是一种易溶于水的气体，它与水反应会生成次氯酸，次氯酸的氧化性很强，可以杀死水中的细菌。所以氯气常常用于净水，我们使用的自来水就经过了氯气净化。

净水厂

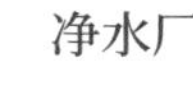

在自来水中加氯气不会有害吗?
不会的，经过处理的水中只会保留很少的氯，这些氯不会危害人体，还可以保证自来水不易产生细菌。

应急处理有毒化学气体

很多在化学工业中使用的有毒气体都具有可溶性。若这些气体泄漏，对一些溶水后危害较小的气体可采用喷水的方式进行紧急处置。这样可以避免有毒气体大量扩散到空气中，减小受灾范围。

注意要把水喷开，这样能更好地让毒气溶入水中。

不要只对着泄漏点喷水，万一生成的液体把泄漏点腐蚀了，会加剧泄漏的。

奇特的乳浊液

从这瓶子里看过去，你变成红色了，哈哈哈。
从这个看你又是绿色啦，哈哈哈。
从我这个角度看过去，你都变形啦，哈哈哈。
咦？怎么没法透过牛奶看东西呢？
当然看不到了，因为牛奶可不是溶液，它是溶液的“亲戚”——乳浊液。
亲戚？什么意思？
你还记得溶液的特点吗？
一种物质混在另一种物质中，又均匀又稳定。
记得很清楚嘛。但是乳浊液就不同了，它是两种液体的混合物，但是它们混合得既不均匀，也不稳定。
怎么会这样？
咱们是一样的，最好待在一起。
我不喜欢你，让开一点。
这是因为这两种液体的“关系”不好，它们无法相溶，于是各自的排布就很混乱。
牛奶就是一种常见的乳浊液，它的内部成分分布不均，所以光线透不过去，你也就无法透过牛奶看东西了。

因为乳浊液并不稳定，所以如果静置一段时间，其中的物质就会分离开。比如牛奶会在表面分离出油脂。
食用
石油
常见的乳浊液还有一些食用油、石油等。
乳浊液中的成分这么不好相处啊，有办法让它们好好相处吗？
还真有一种办法——加入乳化剂。
化剂
乳化剂可以活化液体分子，让它们分离成更小的小液滴，这样就可以让混合物更加稳定。
你们不要只自己抱团，大家松开手，好好相处吧！
哈哈，现在大家可以更好地相处啦！
洗洁精就是最常见的乳化剂。
它可以让油更好地和水混合。这样水就可以把脏脏的油渍冲走了。
水
油
原来盘子是这样被洗干净的。

让乳浊液更好地混合吧

生活中，我们常常会接触到需要把液体和液体更好地混合的情况，但很多时候它们并不能形成稳定的溶液，而是成为不稳定的乳浊液。这就需要我们用各式各样的方法，让它们可以更稳定地保持混合状态。

从生乳到牛奶

我们所买到的牛奶和刚从奶牛身上挤出来的牛奶还是有很大区别的。刚挤出来的牛奶叫生乳，它不仅含有很多杂质，也含有一些细菌，并且不容易被人体吸收，所以它要经过一系列的加工才能成为我们购买的牛奶。

和我们买到的牛奶很不一样呢。
这种刚挤出来的生乳乳脂很容易从奶中分离，如果静置一段时间，就会有明显的油脂出现。

挤奶

从奶牛身上挤出新鲜的牛奶，并尽快送入冷库储存。

检测

生乳在进行加工前会进行检测，检查其成分和甜度，以保证牛奶的品质。

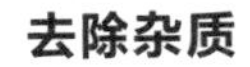

直接尝一下就知道甜不甜了吧？
那太不严谨了。

去除杂质

将经过检测的低温牛奶放入可以高速旋转的离心澄清机，这种机器可以把生乳中细小的杂质通过旋转的方式分离出去。

渣

均化牛奶

去除杂质的生乳再被放入均化机中处理，这种机器可以把生乳中较大的脂肪颗粒“研磨”成较小的颗粒，然后把牛奶摇均匀成更为稳定的乳浊液。

经过这样处理的牛奶就不容易分层了，并且更容易被人体吸收。过去的牛奶缺少足够的均化处理，常常会析出油脂。
原来是这样。

杀菌

下一步，牛奶就要经历重要的杀菌处理了。采用低温杀菌加工的牛奶称鲜牛奶，也叫巴氏奶；采用高温和超高温杀菌法加工的牛奶称常温奶。

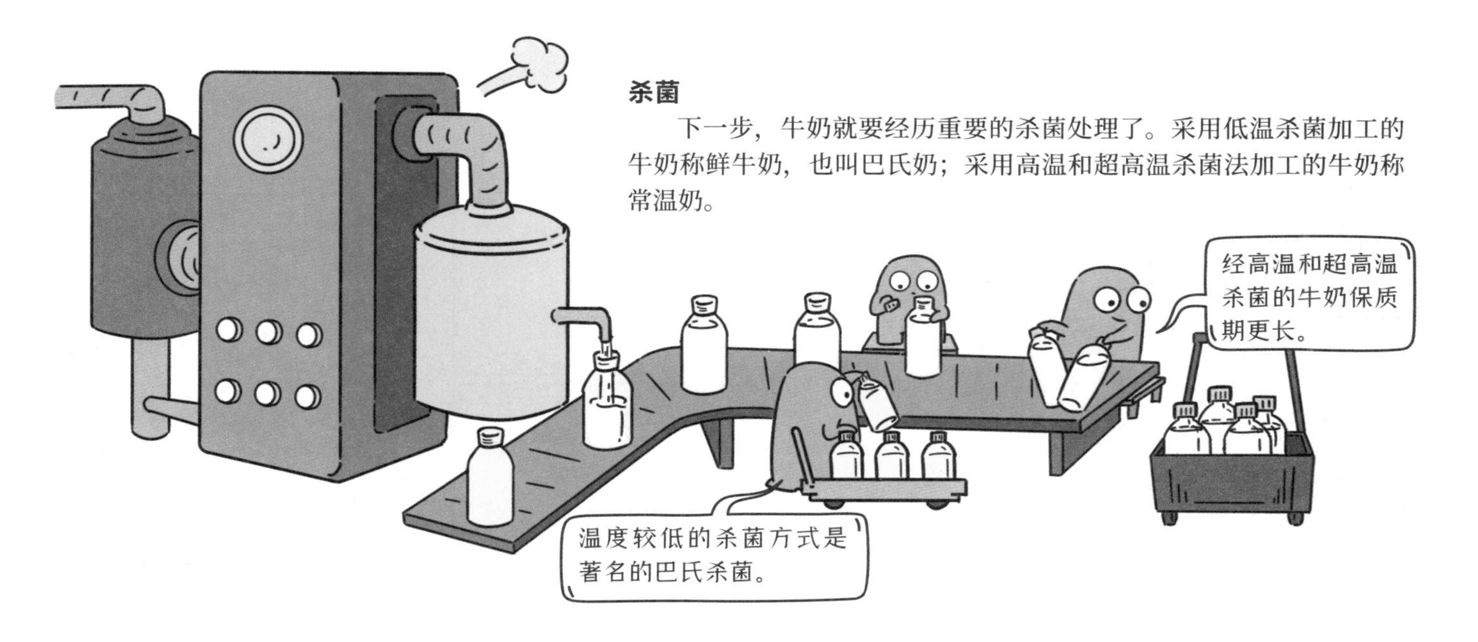
经高温和超高温杀菌的牛奶保质期更长。
温度较低的杀菌方式是著名的巴氏杀菌。

储存包装

杀菌处理完成后的牛奶就可以储存，装入包装中了。

没想到牛奶要经历这么复杂的加工过程，我还以为直接从奶牛那里挤出来就能喝了呢。
经过严谨卫生的处理，这样才能让你喝得更加健康、安全嘛。

活用乳化剂的化妆品

让乳浊液更好混合的最有效方法还是使用乳化剂。在生产日用化妆品时，往往需要混合多种液体，它们有的像油脂，有的像水，往往很难混合在一起。这时就需要研发人员找到合适的乳化剂，让它们更好地混合在一起。

一瓶化妆品可能是由数十种植物的提取物混合而成的。
乳化剂功不可没啊。
70%

认识一下酸

夏天来一杯酸酸甜甜的冰镇柠檬水，真是惬意啊。
可乐也不错。
你知道吗？可乐和柠檬水有个共同点，它们都含酸性物质。
酸性物质？是吃起来有酸味的东西吗？
不一定。柠檬水中的柠檬酸有酸味，但可乐中的碳酸尝起来没有酸味。
可乐里有酸？你以为我没喝过可乐是吧！
你先别激动，听我慢慢解释。我说是酸性物质，酸性物质不一定有酸味。
一些饮料具有酸味，是因为其中添加了带有酸味的添加剂。
可碳酸尝不出酸味又怎么能说是酸呢？这太让人纠结了。
其实，科学家们发现酸碱本质，也还只是一百年前的事。
他们开始从更微观的角度去定义什么是酸。
酸里面有一些我们看不见的小东西！

真好奇显微镜下的酸是什么样子的。
就是很多氢离子嘛。
我知道氢原子，但不知道你说的氢离子，它们是亲戚吗?
还真被你说对了，氢离子往往是由氢原子产生的。
哎，这些电子又不老实了，整天想着去外面闲逛。
电子
世界这么大，我想去看看。
电子
电子一跑，剩下的我就带正电，成为氢离子了。
氢原子
氢离子
所以酸就是能分解出大量氢离子的物质?
对呀。
看来，酸真是我们生活中无处不在的好朋友!
像我们平常食用的酸奶、橙汁、醋，里面都含有大量的酸。
快看，盐酸洒到铝上，把铝溶解了!
这要是滴在人身上，后果不堪设想!
酸可不全是可以食用的。有的还很危险，比如盐酸，浓度高的话，很多金属都不是它的对手。
盐酸
好可怕，我记住了，今后一定要远离盐酸!
哈哈，还真远离不了，我们体内的胃液就含有盐酸。不过胃有可以抵御盐酸伤害身体的结构。
好吧，看来我还要多了解些酸的知识。

酸的本领

酸是一种常见物质，它就像一个调皮捣蛋的小男孩儿，不仅能够与大部分活泼金属产生化学反应，还具有导电性。今天，就让我们通过一些实验来探索酸的这些特性吧！

实验一：酸与金属的化学反应

实验用品：试管两个，锌片一块，银片一块，浓盐酸。

实验步骤：将锌片放置于装有浓盐酸的试管中，观察金属在试管中的变化。

特别注意：浓盐酸有一定危险性，实验要在大人的帮助下操作，注意安全。

快看！试管中有气泡冒出来了。
你猜猜，为什么会产生气泡呢？
我猜和可乐的泡泡一样，是二氧化碳（CO_2）气体！
错啦！这里出现的气泡是氢气（H_2）。
氢气？我只知道盐酸在水中会释放出带正电的氢离子（H^+），它们怎么变成氢气了？
因为缺少电子的氢离子从金属那里得到了电子，变成了氢原子，然后就生成氢气了。
原来如此。等等，你看试管里的锌片变小了！
这是因为锌与浓盐酸发生了化学反应，在这个过程中锌的电子给了氢离子，它自己变成了锌离子。
锌不溶于水，但是锌离子可以溶解在液体中。
从锌变成锌离子，我们就掌握了液体“隐身术”。
我们再试一种金属，这次把银放在盐酸里。
既没气泡，银片也没变小，好无聊。
呼——
这是因为金属的活泼程度不同。锌比银活泼，所以更容易与浓盐酸反应。
原来如此！
我们是活泼金属，我们很愿意与酸类朋友交往。
我们是不活泼金属，因此不怕浓盐酸的分解。

实验二：酸性溶液的导电性
实验用品：一个小灯泡，电线，两个石墨电极，4节5号干电池和电池盒，柠檬水，纯净的蒸馏水，玻璃杯。
实验步骤：将灯泡接入电路，在电路中分别接入蒸馏水和柠檬水，闭合开关，观察现象。
灯泡亮了。
说明柠檬水导电。
柠檬水
纯净的蒸馏水并不导电。是柠檬酸在水中的离子让柠檬水导电了。
我以为水都是不导电的呢。
接蒸馏水的电路，灯泡不亮了。
蒸馏水
酸会在水中电离成带正电的氢离子和带负电的酸根离子。
溶液中这些带电离子分别向正、负极移动就产生了电流。
氢离子越多，灯光就越亮。
果然实践出真知，以后学习知识，还要多做实验才行！

找找身边的酸

俗语说：“人间有五味，酸甜苦辣咸。”“酸”这个字不仅仅代表一种味道，更是我们日常生活中不可或缺的物质。从不小心被蚂蚁咬伤后生出的“大包”，到我们平时所喝的碳酸饮料、餐桌上的糖醋排骨……可以说，酸的身影无处不在。

餐桌上的酸酸小王子

提起厨房中最常用的调味品，酱油和醋一定有一席之地。

古时候，人们在家中酿酒，时间久了，就变成了我，因此我跟酒还算是亲戚呢!
醋
我的制作过程中有盐酸的参与哟。
酱油
这些美食的烹制可要感谢我们的好朋友酸呢!
西湖醋鱼、糖醋排骨、醋熘白菜……全是我爱吃的!
实在太美味了，感谢酸!
嗝!
醋酸
我就是食醋的主要成分，大名鼎鼎的醋酸，学名乙酸，是我让食物变得这样可口美味。
冰醋酸
纯度很高的醋酸叫冰醋酸，食醋的醋酸含量一般只有5%~10%，我们冰醋酸却高达99.9%，酸性十足，不过也因此具有腐蚀性，不要轻易触碰!

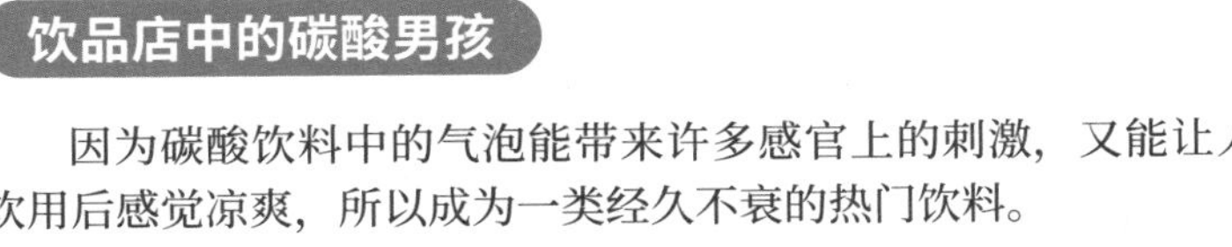

饮品店中的碳酸男孩

因为碳酸饮料中的气泡能带来许多感官上的刺激，又能让人在饮用后感觉凉爽，所以成为一类经久不衰的热门饮料。

大家好，我是碳酸男孩，我的分子形式非常不稳定，随时可能分解成水和二氧化碳。
饮品店
CO_2
我替碳酸小哥用化学方程式翻译一下刚才的话：$H_2CO_3 \longrightarrow CO_2+H_2O$。
可乐
为什么每次打开可乐瓶盖，都会发出嗤嗤的响声，瓶子里还会出现很多气泡？
这是由于可乐中大量不稳定的碳酸分子发生了分解，产生了二氧化碳气体。

蚂蚁的护身法宝——蚁酸

和自然界的其他动物一样，蚂蚁也有着自己的护身法宝，人要是不小心被它咬到，它分泌的蚁酸会让人很疼的哟。

不会吧，被蚂蚁咬一口，怎么伤口都变得红肿了。
可别小看蚂蚁，它们遇到危险时分泌出的蚁酸可是很厉害的！
呜呜，好疼。
我们的唾液中含有蚁酸，学名甲酸，这可是我们防身用的法宝。
蚁酸
我们蚁酸是一种无色液体，不过若靠近我，你会闻到一股刺鼻的气味。

认识一下碱

奇怪，用水冲也不行。
你们也太不爱干净了，每次洗完头发都不知道清理下水口，现在下水道都被堵住了。
你们忙啥呢？
下水道被这些乱七八糟的毛发堵住了。
这……你们得有多久没大扫除了啊。
大概……我也记不清了。
下水道疏通剂
不过，这里不是有一瓶下水道疏通剂吗，你们要不试试？
快看！下水道真的通了。早知道这样，就不用浪费那么多水了。
疏通剂真好用，轻轻松松就解决了，其中是有什么神奇的魔力吗？
这其实得归功于这类清洁剂中的一种化学物质——碱。
碱？
比如洗手用的肥皂就由碱制成。
我们碱可以与油污中的油脂发生反应，让它们更容易被清洗掉。
肥皂的生产过程也离不开我们碱的参与。

你平常爱吃的包子、面包，有的在制作过程中也用到了碱性物质呢！

那碱长什么样子呢？像肥皂泡还是包子皮？
哈哈，都不是。

这次的主角是氢氧根离子。

我就是酷酷的氢氧根离子，所有碱性物质的溶液中都有我！
我还记得你说过酸有腐蚀性，那么碱会不会……
对！碱和酸一样，也具有腐蚀性。

既要勤洗手，更要勤洗头。不过用肥皂洗完头，头发好像变硬了。
这是因为碱性物质会侵蚀掉头发中的蛋白质。

天啊，这么说，肥皂也是有害的？
不要慌张，肥皂并不是真正的碱，只是碱性物质，碱性很弱，不会对人体造成伤害，不过对于一些强碱还是得当心！
做实验时要小心，皮肤不要直接接触火碱（氢氧化钠），更不要想去尝火碱的味道。
火碱
原来碱跟酸一样，也是一种多面的化学物质。
所以，我们在生活中一定要合理利用碱才行！

碱也本领多

跟前面提到的酸一样，碱也是本领多多。比如碱溶于水后，可以形成电流导电；碱性的石灰水还可以吸收空气中的二氧化碳。今天，就让我们一同走进实验室，去感受碱的魅力吧。

实验一：碱溶液的导电性

实验用品：一个小灯泡，两个石墨电极，4 节 5 号电池组成的电源，电线，装有石灰水的玻璃杯。

实验步骤：将灯泡接入电路，并将石墨电极插入石灰水中，闭合开关，观察现象。

我们用处可大呢，装修墙壁、上课用的粉笔都离不开我们!
石灰水是什么呀?
$Ca(OH)_2$
石灰水就是氢氧化钙[$Ca(OH)_2$] 水溶液，氢氧化钙也是一种碱哟。
真的想不到，碱溶液也能导电。
这有什么，你之前不也目睹了柠檬水导电吗?
溶液中的离子按照一定方向移动，就会形成电流。
灯泡亮了有我们的功劳。
所以碱是可以导电的，并且碱性越强，灯泡越亮。
就跟酸的规律一样!
酸性溶液通过溶液中的正负离子的移动来导电，碱性溶液也是这样吧?
没错，碱溶于水后，也会释放出带有正负电荷的离子，它们的定向移动就会导电。

实验二：吸收二氧化碳的石灰水

实验用品： 一个装有澄清石灰水的玻璃杯，装有大理石和稀盐酸的试管，玻璃导管。

实验步骤： 将试管中产生的二氧化碳由玻璃导管通入装有石灰水的玻璃杯中，观察玻璃杯中的变化状况。

看，石灰水中好像出现了一些白色的物质，溶液都变浑浊了。
这是由于石灰水中的氢氧化钙跟二氧化碳发生了化学反应。
要不要和我一起玩?
好啊，不过我们在一起会生成一种不溶于水的叫碳酸钙（$CaCO_3$）的白色沉淀物哟。
原来这都是碳酸钙搞的鬼。
别急，再观察一会儿，你发现没，试管里的溶液又开始变清了。
欢迎新的小伙伴!
想不到碳酸钙还会继续变化。
我和二氧化碳、水又共同形成了新的物质——碳酸氢钙，就是身边的这位。
大家好啊，我是新来的碳酸氢钙，因为可溶于水，所以你们看不见我。溶液也就变清澈了。
你发现没，在这些反应中，石灰水吸收了大量的二氧化碳。
好像是有这么回事。
因此，在现实生活中，人们会利用石灰水来吸收工厂排放的二氧化碳。

无处不在的碱性物质

在我们身边，随处可以发现碱性物质的身影，一般家庭的厨房里、面包房的后厨中、农田里……碱性物质包含碱、呈碱性的盐类以及一些碱性有机物等。不同的碱性物质有不同的特点，因此也有着不同的用处。

糟了，我不小心喝了点儿肥皂水，该怎么办！
马上多喝清水，如果身体不舒服，得尽快去医院！
我还是很怕氢氧化钠的，能不能不加。
烫发还得加上一点儿含有氢氧化钠的药品，头发会更漂亮一点儿！
烫发药品中，氢氧化钠含量很低，不用担心安全问题。
这里的空气可真差，我都快被臭晕了。

只要挤一点儿洗涤剂出来，这些油污就能很快洗干净了。
洗涤剂中碱的含量很少，只要冲洗干净就可以啦。
洗涤剂中有碱，碱不是具有腐蚀性吗，怎么还能用它洗碗？
往面粉里撒一点碳酸氢钠，会让面包蓬松，口感会更好。
碳酸氢钠是一种碱性物质，又称小苏打，遇到酸会生成二氧化碳气体，使面包膨胀松软。
氨水呈碱性，有刺激性气味。
之前厕所堵了，尿液中的尿素时间久了被细菌中的脲酶水解形成了氨，溶于水，成了氨水。
听说施氮肥可以增加收成。
氮肥的主要生产原料就是含有氮元素的氨，人们很早就开始利用氨制作氮肥了。
吸收更多的氮元素，会让我们更快生长！

酸和碱的强度
这橙汁酸酸的真好喝!
我的果汁也不错，但是好像没有那么酸。
饮料口味有重有轻，就像酸碱强度也有强有弱。
酸碱强度是什么?
酸
碱
强
度
要回答这个问题，首先我们得回忆一下酸、碱的基本含义。
酸
氢离子
碱
氢氧根离子
记得没错的话，酸在水中能释放出氢离子，碱能释放出氢氧根离子。
对，实际上，酸的强度正是与物质在水中能释放出多少氢离子有关。
溶入水中后，每100个盐酸分子就能解离出92个氢离子。
所以盐酸是强酸。
醋酸这氢离子产生能力就太弱了。
平均5万个醋酸分子中才能解离出1个氢离子。
我们跟酸类朋友一样，溶液中解离出的离子数量越多，碱性越强。
氢氧化钠
所以你的碱性比我强。
氢氧化钙
橙汁之所以酸味更浓烈，是因为它在水中能释放出更多的氢离子。
我明白啦!

为了更简单、更直观地表达酸碱强度，化学家发明了用来表示氢离子浓度的氢离子浓度指数（pH）。
这pH怎么用？
在25℃条件下，当pH=7时，溶液为中性；pH<7，溶液为酸性；pH>7，溶液为碱性。
<7
7
>7
我们四个，我的pH最低，所以酸性最强。
是不是pH越小表示酸性越强？
对，同理，pH越大，碱性越强。
盐酸
醋酸
氢氧化钙
我的pH最大，所以碱性最强。
氢氧化钠
1=10倍
对于酸来说，pH相差1，氢离子浓度就相差10倍。
我的pH是2，你的pH是3。
所以你的氢离子浓度是我的10倍。
但我们如何才能知道物质的pH呢？
这就要有请咱们的小助手——pH试纸登场啦。
比色卡
用玻璃棒蘸取一滴溶液并涂在pH试纸上，观察颜色变化，对照pH比色卡，就可以知道具体的pH了。
哇，原来这么简单，这下可以知道牛奶和可乐的具体酸性强度啦！
pH比色卡
pH1.0～14.0
1.0
3.0
5.0
7.0
9.0
11.0
13.0
2.0
4.0
6.0
8.0
10.0
12.0
14.0

注：本书所述pH知识均为25℃环境下。

检验酸碱性的“变色魔法”

酸性和碱性都是我们生活中常见的性质，但在现实中，它们却隐藏在各种物质中，因此不能被我们直接认出来。今天，就让我们一起去学习几种区分它们的方法吧！

鉴定酸碱性的法宝

烧杯中的紫色溶液就是石蕊吗?
没错，用滴管将醋酸和石灰水分别滴入烧杯中，看看会发生什么。
滴入醋酸的烧杯中石蕊溶液颜色变成红色，滴入石灰水的烧杯中石蕊溶液颜色变蓝了。
我们是实验室中常见的酸碱指示剂!
我们遇见酸，会穿上漂亮的红色裙子；遇见碱，会换上帅气的蓝色上衣!

奇妙的色彩变化

利用酚酞、石蕊等指示剂不仅能帮助我们快速辨别酸碱性质，如果巧妙利用也可以施展有趣的变色“魔法”。

紫色玫瑰花

1. 准备一支红色玫瑰花、一个装有氨水的烧杯。

2. 将红色玫瑰花花瓣浸泡在烧杯中。

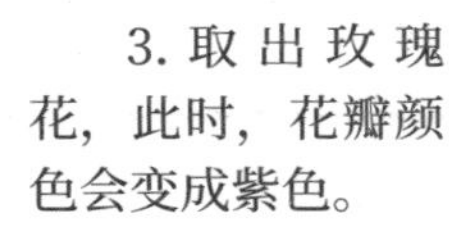

3. 取出玫瑰花，此时，花瓣颜色会变成紫色。

和紫罗兰一样，红色玫瑰花瓣内也含有花青素，遇到碱性物质，就呈现出了我们看到的紫色。

说起酸碱指示剂，最早还是我启发了科学家玻意耳！
紫罗兰之所以会发生颜色变化，是因为花瓣含有神奇的花青素，花青素会随着 pH 的不同产生不同的颜色。简直是一种彩虹试剂。
我们酚酞也是一种方便的酸碱指示剂。
遇酸不变，遇碱呈红。
酚酞
将盐酸、氢氧化钠分别滴入酚酞溶液，看看会发生什么变化。
这边没有变化。
我这里加了氢氧化钠，它居然变红了。

瞬间变红的“清水”

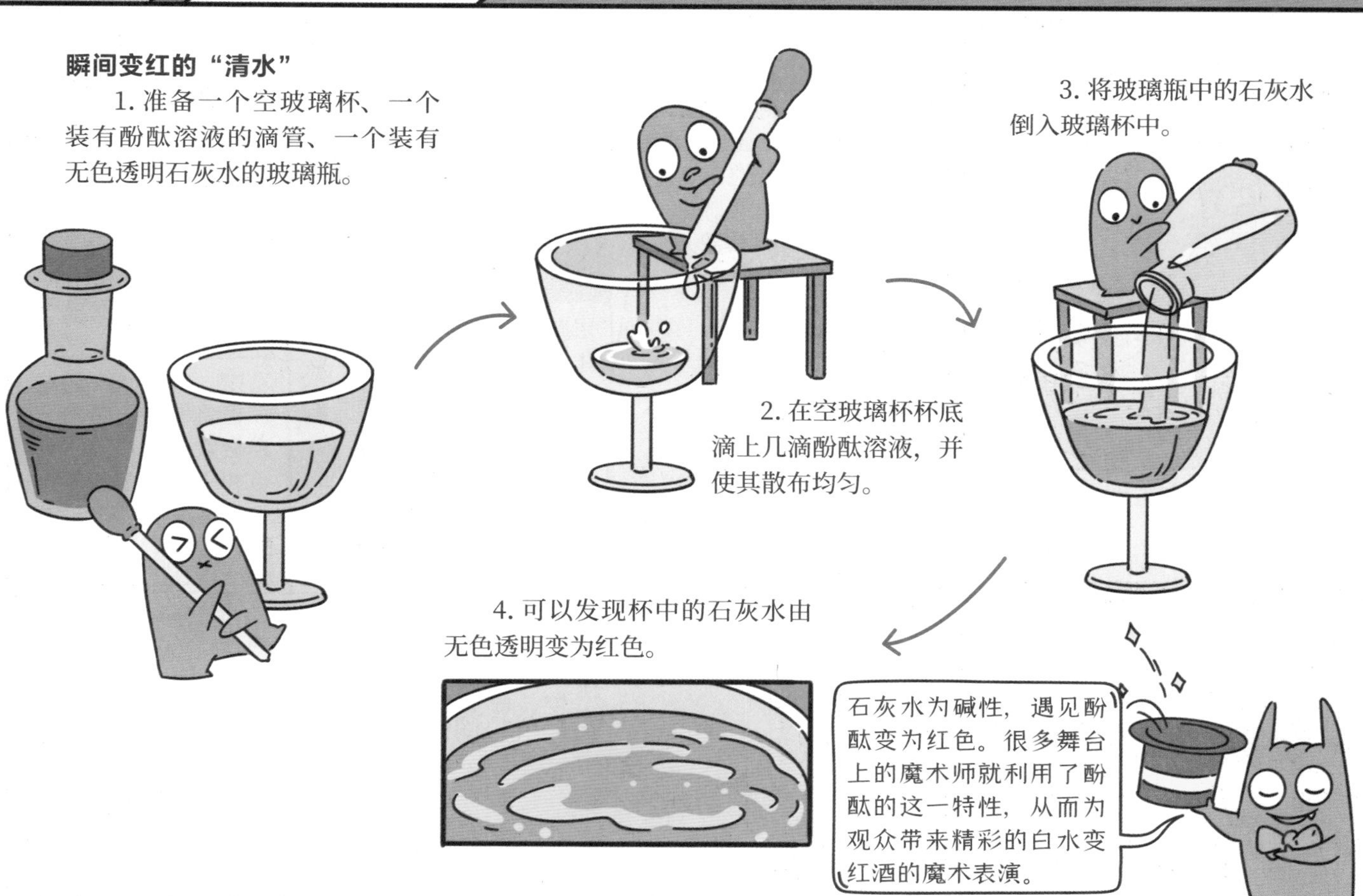

1. 准备一个空玻璃杯、一个装有酚酞溶液的滴管、一个装有无色透明石灰水的玻璃瓶。
2. 在空玻璃杯杯底滴上几滴酚酞溶液，并使其散布均匀。
3. 将玻璃瓶中的石灰水倒入玻璃杯中。
4. 可以发现杯中的石灰水由无色透明变为红色。
石灰水为碱性，遇见酚酞变为红色。很多舞台上的魔术师就利用了酚酞的这一特性，从而为观众带来精彩的白水变红酒的魔术表演。

当酸与碱相遇

啊，我不小心打翻了汽车玻璃清洁剂，全倒在地板上了。
我去拿抹布来。
别着急，你们忘了吗，汽车玻璃清洁剂中可能含有氢氧化钠，虽然浓度低，最好也不要用手碰！
幸好你及时提醒我们！
那现在该怎么办呢？
可以先倒上一些食醋，然后再用抹布擦。
我们清理干净啦。
手也没有受伤！
为什么倒了食醋后，就不会伤手了呀？
这就得说到酸碱的中和反应了。
酸
氢离子
水
碱
氢氧根离子
酸在水中会释放出氢离子，碱会释放出氢氧根离子，而当它们相遇时，就会中和形成中性的水。
在中和反应下，我们的酸性和碱性都减弱了。
也就是说，醋酸和氢氧化钠发生中和反应，减弱了氢氧化钠的碱性，形成了中性的水。
氢离子
氢氧根离子
没错！不过，我们这样粗略地加入醋不一定会完全中和，完全中和需要等量的氢离子和氢氧根离子。
如果离子数量不一致，会怎么样？
氢离子数量多了，中和后会呈酸性；反过来，氢氧根离子多了，中和后呈碱性。
不过，通过部分反应我们已经可以让酸碱性下降了。
氢离子
氢氧根离子
酸
氢离子
氢氧根离子
碱

如何用判断是否发生中和反应

该怎样判断是否发生了中和反应呢?
你用酚酞溶液试一试不就知道啦。

1. 向装有氢氧化钠溶液的烧杯中滴几滴酚酞溶液，烧杯内溶液变红。

2. 向烧杯中滴无色盐酸溶液。

3. 轻摇烧杯，如果红色液体颜色明显变淡，可以确认发生了中和反应。

其实，除了水之外，中和反应还生成了一种新的物质——盐。
盐？就是咸咸的那种白色粉末吗?
我们平常吃的食盐只是盐类大家庭中的一种，它的主要成分是氯化钠。除了它，还有很多种类和用途的盐。
一些盐类可以做工业生产的催化剂。
食品加工厂利用盐类物质进行食品防腐。
看到了吧，盐类的用途可不少吧。
盐类还可用于公路融雪。
第一次知道盐除了食用还能做这些!

身边的中和反应

酸甜可口的柠檬水、必不可少的食醋还有去污的肥皂……我们的生活离不开酸和碱，因此也少不了酸碱中和反应。正确运用中和反应，对改善我们的生活有着重要意义。

饮食洗浴中的中和反应

鱼腥味有些大了。
鱼腥味源于鱼肉中还保留的一些碱性物质，加一点酸性柠檬汁，可以减轻腥味。
烤鱼很香，可惜我胃病又犯了，胃里很胀很酸。
这是胃酸过多导致的，给你吃点胃药。
药里的碱性成分可以和胃液中的盐酸发生中和反应，降低胃液的酸性，减缓胃部不适。
如果用肥皂洗头发，其中的碱性物质会破坏头发中的蛋白质，导致头发变硬。
可以再用含少量食醋的水清洗，头发会重新变柔顺。
肥皂

医疗健康中的中和反应

刚刚在草地上不小心被蜜蜂蜇了一下，手上出现好大一块红肿。
蜜蜂释放出的蚁酸具有酸性，不但能产生红肿还能腐蚀我们的皮肤。医生会让外涂点淡氨水。
淡氨水呈碱性，可以与蚁酸发生中和反应，减弱酸性。

啊！沾到浓硫酸怎么办！
听说通过中和反应可以消除酸碱性，要不试试氢氧化钠？
大错特错！氢氧化钠是强碱，也会造成伤害。浓硫酸和氢氧化钠的反应还会放热，让伤害更严重！
120
不小心沾到浓硫酸，该怎么办？
1. 立即用大量水冲洗。
2. 再涂上 3%~5% 的碳酸氢钠溶液。
3. 前往医院就诊。
自然界中的中和反应
原本我也是一片沃土，但由于人类过度使用化肥，所以成了现在的样子。
我们化肥体内含有酸性物质，大量使用，会导致土壤酸化。
肥
土壤被酸化后，植物就难以正常生长了。
该如何让土壤恢复健康状态？
想想中和反应，酸性物质会跟碱性物质发生中和反应，变成中性的水。
酸
中和
碱
我懂啦，碱性的熟石灰中和了土壤的酸性。
有时候，人们会把适量的熟石灰加入土壤中。

身体中的酸和碱

你知道吗，酸和碱还活跃于我们的身体中，从消化食物的胃液，到供给生命动力的血液。可以说，酸和碱也是构成我们身体的一部分。

促进消化的胃

食物经过口腔处理之后，再通过食管就会到达胃。胃是个大口袋，在这个口袋里装有大量的胃酸。

碱性的肠道

食物在胃中完成消化后，会跟着胃液一起流入十二指肠。这里酸性物质开始退场，由碱性物质继续帮助完成后续消化任务。

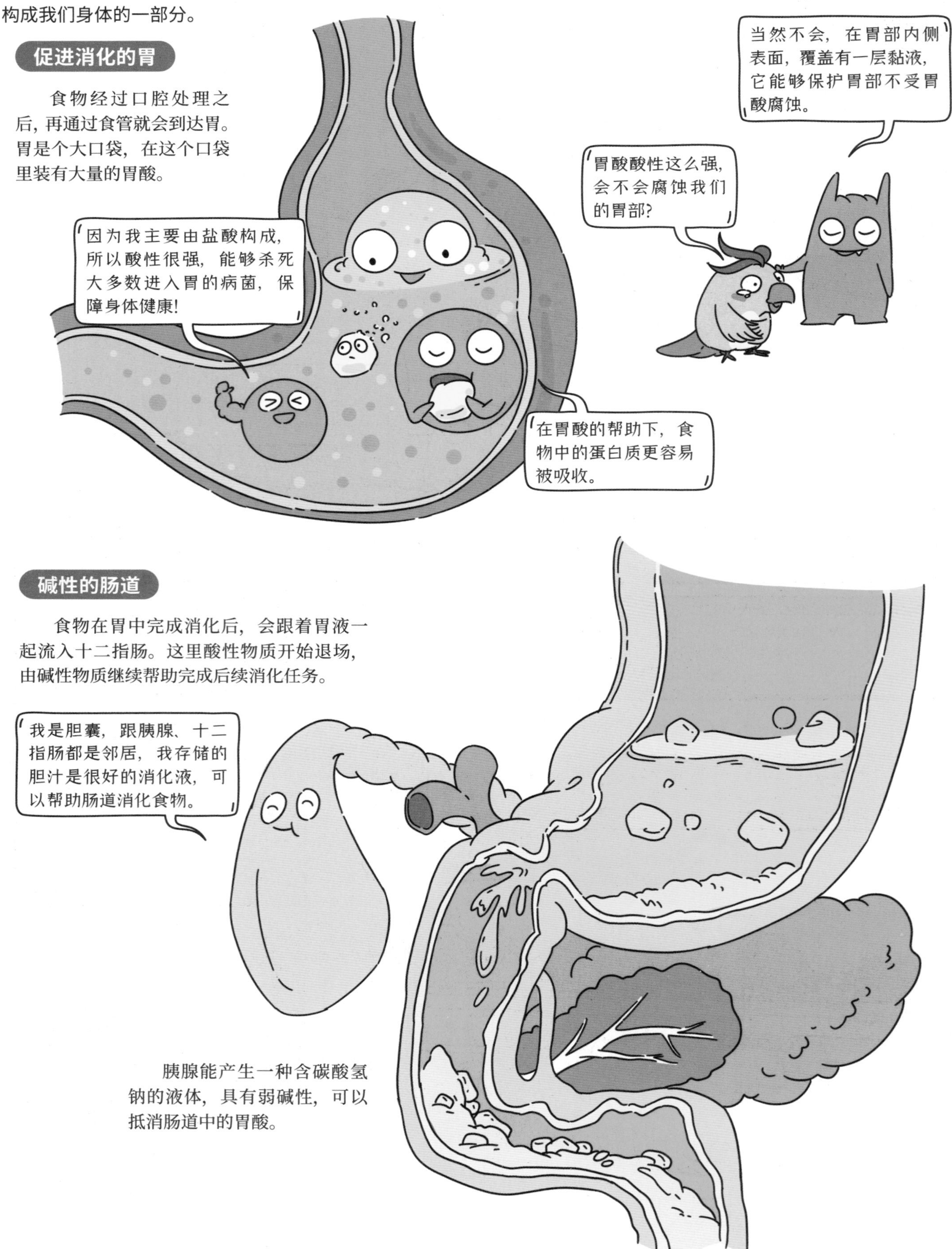

因为我主要由盐酸构成，所以酸性很强，能够杀死大多数进入胃的病菌，保障身体健康！
在胃酸的帮助下，食物中的蛋白质更容易被吸收。
胃酸酸性这么强，会不会腐蚀我们的胃部？
当然不会，在胃部内侧表面，覆盖有一层黏液，它能够保护胃部不受胃酸腐蚀。
我是胆囊，跟胰腺、十二指肠都是邻居，我存储的胆汁是很好的消化液，可以帮助肠道消化食物。

胰腺能产生一种含碳酸氢钠的液体，具有弱碱性，可以抵消肠道中的胃酸。

有时候，胃部的胃酸过多，肠道中的碳酸氢钠不足以抵消胃酸了，会引发肠道溃疡。
虽然肠道溃疡可以医治，但良好的习惯才是最好的预防措施。要注意规律饮食，少吃刺激性食物，适量运动。
胃酸

为什么会有龋齿

如果口腔内糖分过多，细菌会将它们转换成具有腐蚀性的酸，久而久之就会形成龋齿。

牙齿负责嚼碎食物，唾液负责进一步分解。唾液不仅将淀粉分解为麦芽糖，还可以将多余的糖分冲洗掉，使口腔保持健康。

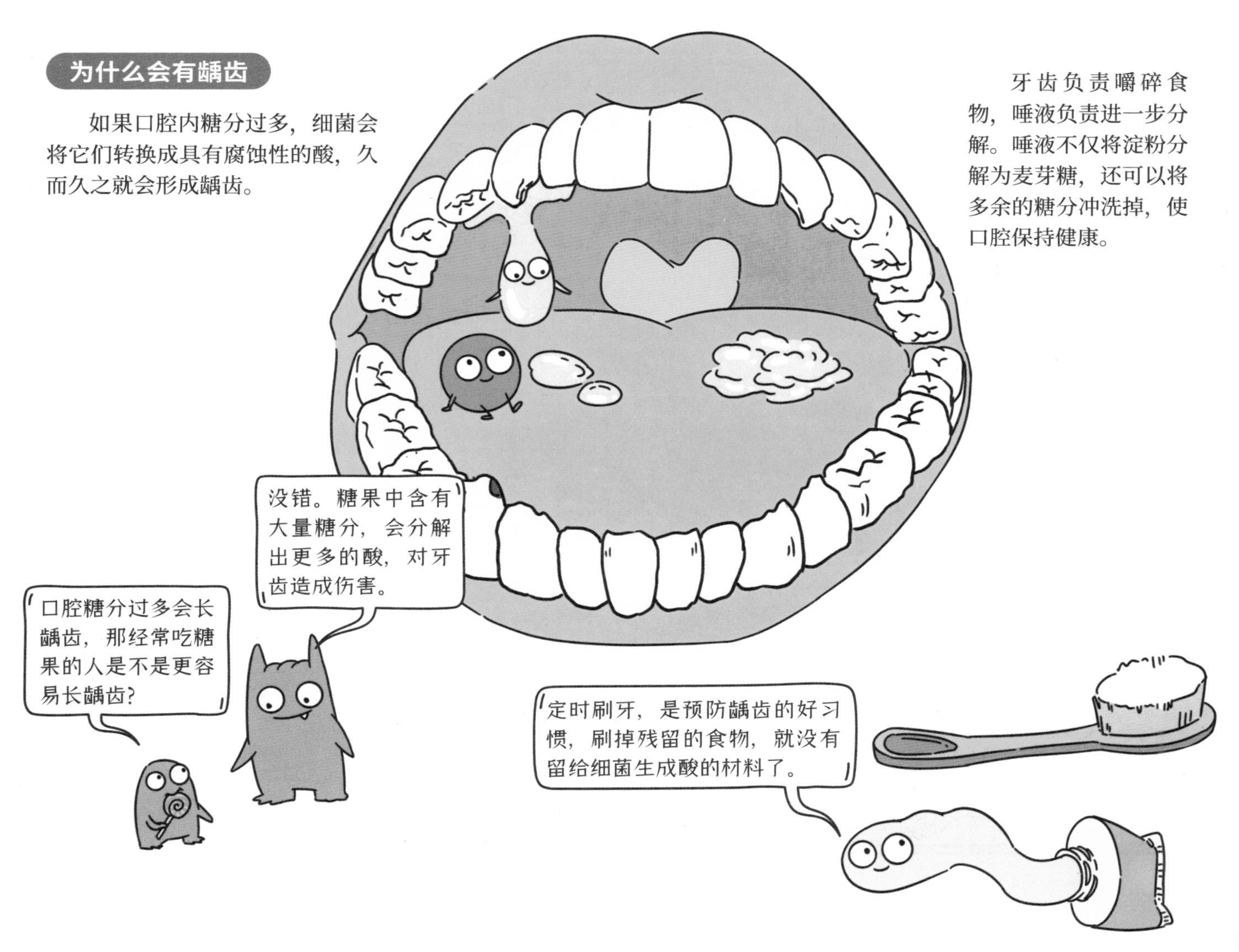
口腔糖分过多会长龋齿，那经常吃糖果的人是不是更容易长龋齿?
没错。糖果中含有大量糖分，会分解出更多的酸，对牙齿造成伤害。
定时刷牙，是预防龋齿的好习惯，刷掉残留的食物，就没有留给细菌生成酸的材料了。

从化学角度认识盐

今天的菜味道好咸，大概盐放多了。
其实，准确来说，应该叫食盐。
两者不是一个意思吗？
你忘啦，我说过盐可是一个大家庭，里面有很多很多成员的。
大家好，我叫氯化钠（NaCl），你们口中的“盐”或“食盐”，就是我了。
NaCl
这把我搞糊涂了，我以前认为世界上就只有一种盐。
盐
金属离子
酸根离子
盐
在化学上，我们将含有金属离子和酸根离子的化合物统称为盐。

我知道金属离子，可酸根离子是指氢离子吗？
H+

不对哟，这里的酸根离子指的是可以跟氢离子组合成酸的离子。

H+
Cl-
我可以跟氢离子结合成盐酸，因此我氯离子也被称为盐酸根离子。

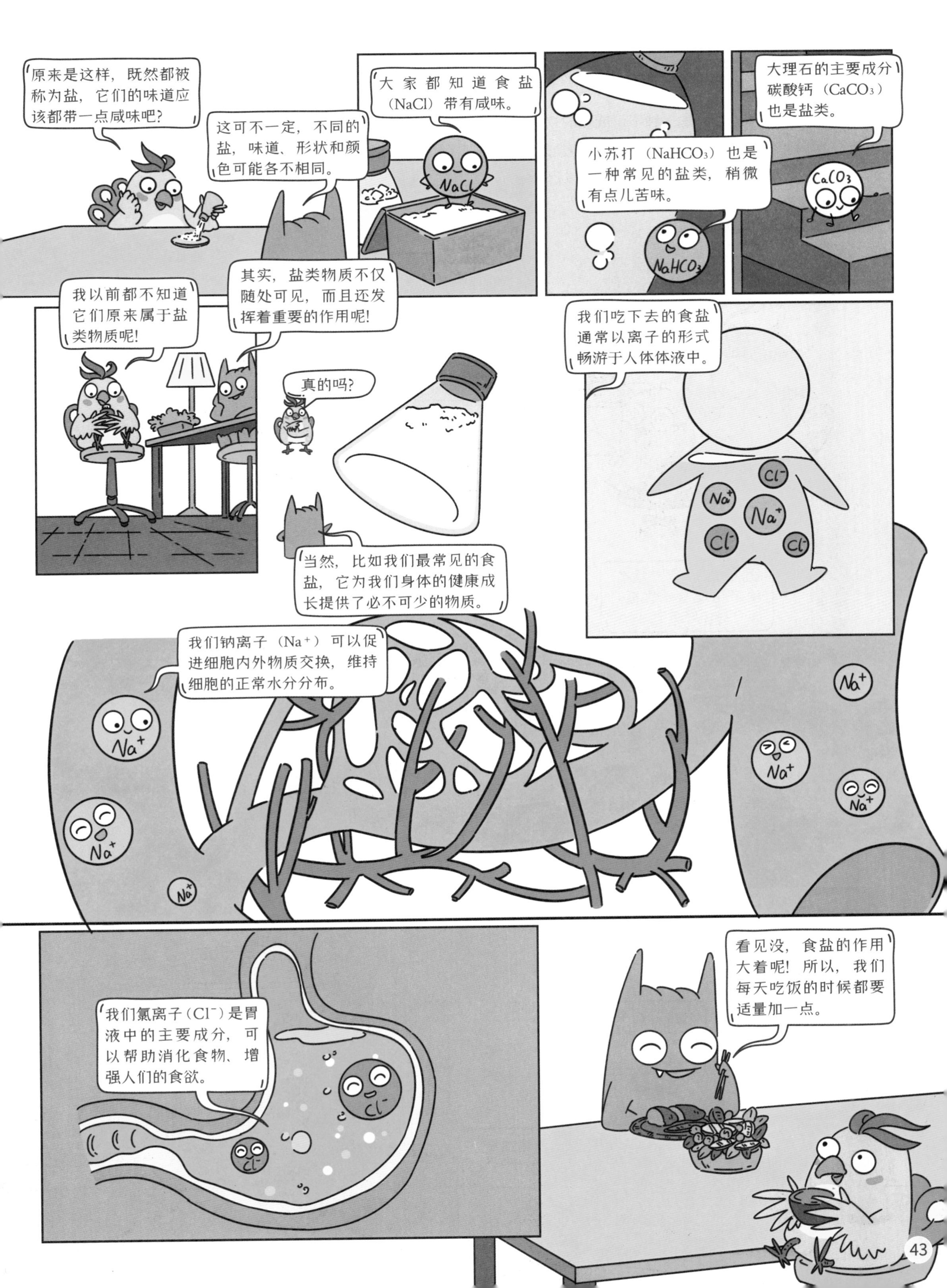

原来是这样，既然都被称为盐，它们的味道应该都带一点咸味吧？
这可不一定，不同的盐，味道、形状和颜色可能各不相同。
大家都知道食盐（NaCl）带有咸味。
NaCl
小苏打（$NaHCO_3$）也是一种常见的盐类，稍微有点儿苦味。
$NaHCO_3$
大理石的主要成分碳酸钙（$CaCO_3$）也是盐类。
$CaCO_3$
我以前都不知道它们原来属于盐类物质呢！
其实，盐类物质不仅随处可见，而且还发挥着重要的作用呢！
真的吗？
当然，比如我们最常见的食盐，它为我们身体的健康成长提供了必不可少的物质。
我们吃下去的食盐通常以离子的形式畅游于人体体液中。
Na^+
Cl^-
我们钠离子（Na^+）可以促进细胞内外物质交换，维持细胞的正常水分分布。
我们氯离子（Cl^-）是胃液中的主要成分，可以帮助消化食物、增强人们的食欲。
看见没，食盐的作用大着呢！所以，我们每天吃饭的时候都要适量加一点。

生产生活中的盐

在我们的生活中，盐是一种不可或缺的物质。在医疗中，我们用盐来制作各种调理药剂；在农业生产中，我们用盐来合成化肥，增加农业收成；在城市建设中，我们用盐来作为重要的建筑材料。

医疗调理中的盐

踢球的时候，膝盖不小心受伤了。
好痛!
先拿生理盐水清理一下伤口吧!
生理盐水是一种氯化钠溶液!
这次闹肚子太严重了，输了生理盐水之后，感觉身体好多了。
适当地输入生理盐水，可以补充人体所需的钠离子和氯离子，补充体内的电解质。
建筑材料中的盐
这就是著名的泰姬陵，它被誉为“世界新七大奇迹”之一。
泰姬陵由主殿、尖塔等构成，主要建筑材料为大理石。
大理石的主要成分叫碳酸钙，它就是盐类物质。
CaCO3
真漂亮!

农业生产中的盐
哎，今年收成又不好。
生长过程中营养不良，所以才长不好。
怎样才能促进稻谷生长呢?
适量地使用化学肥料，可以帮助农作物更好地生长哟!
肥
感谢你的帮助!
因为农作物对氮、磷、钾三种元素需求最大，所以氮肥、磷肥和钾肥是最主要的三种化肥。
我们能让农作物生长得更加茂盛，叶色更加浓绿!
氮
谢谢你让我变得更漂亮了。
我们可以增强农作物的抗旱能力。
磷
谢谢你们一直守护在我身边!
我们可以帮农作物提高对虫害的抗性。
钾
钾
钾
钾